中国南方草地牧草资源调查执行规范（2017—2022）

中国南方草地牧草资源调查项目组　主编

科学出版社

北　京

内 容 简 介

本书针对中国南方草地牧草资源调查项目制定任务执行及管理规范细则。全书共包括 5 章：中国南方草地牧草资源调查项目调查技术及管理规范；中国南方草地牧草资源调查项目样品采集及饲用养分测定技术规范；中国南方草地牧草资源调查项目标本采集及腊叶标本制作技术规范；中国南方草地牧草资源调查项目图片信息采集技术规范；中国南方草地牧草资源调查项目草种入库保存技术规范。本书是中国南方草地牧草资源调查项目任务执行的重要参考依据。

本书适用于野外资源考察、收集等相关科研人员和参与者借鉴参考。

图书在版编目 (CIP) 数据

中国南方草地牧草资源调查执行规范：2017—2022/中国南方草地牧草资源调查项目组主编. —北京：科学出版社，2019.6
ISBN 978-7-03-061626-5

Ⅰ. ①中… Ⅱ. ①中… Ⅲ. ①牧草–种质资源–调查–技术规范–中国 Ⅳ. ①S540.24-65

中国版本图书馆 CIP 数据核字(2019)第 116171 号

责任编辑：罗 静 王 好 / 责任校对：郑金红
责任印制：吴兆东 / 封面设计：刘新新

科学出版社 出版
北京东黄城根北街 16 号
邮政编码：100717
http://www.sciencep.com

北京虎彩文化传播有限公司 印刷
科学出版社发行 各地新华书店经销
*
2019 年 6 月第 一 版 开本：890×1240 1/32
2019 年 6 月第一次印刷 印张：1 7/8
字数：40 000
定价：98.00 元
(如有印装质量问题，我社负责调换)

编 委 会

主 编

    杨虎彪　刘国道　白昌军

副主编

    虞道耿　罗丽娟　张新全　顾洪如　刘　洋　张　瑜

委 员（按姓氏拼音排序）

目　　录

第一章

中国南方草地牧草资源调查项目
调查技术及管理规范

一、调查准备

（一）资料准备

1. 底图准备

以华南地区草地牧草资源调查课题组、西南地区草地牧草资源调查课题组、华东地区草地牧草资源调查课题组及华中地区草地牧草资源调查课题组分别承担的项目任务为依据，收集上述各课题单位所在行政区域的专业图件。例如，草地类型图、历年草原调查和国土调查的基础图件、行政区域图、交通路线图、植被类型图等以供野外调查参考。

2. 规划调查区域

课题承担单位组建内业工作队，优先查阅往年草原调查、国土调查等文献资料，获取各课题调查区域内的草地分布情况，根据草地分布情况划定本项目牧草资源调查收集的目标区域。

3. 整理调查名录

根据历年的草业相关研究文献，整理调查目标区域内的主要草种资源信息名录，为重点草种资源的调查收集提供重要参考。名录内容包括：科名、属名、种名、拉丁名、饲用价值等（表1）。

表1　中国南方草地牧草资源调查名录

中国南方草地牧草资源调查项目												
序号	科名	科拉丁名	属名	属拉丁名	种名	种拉丁名	饲用价值	其他功能	分布	生境	参考来源	课题单位	备注
1												

4. 物资准备

调查前充分配备必要的设备及耗材，包括图片采集设备、标本采集工具、样品采集工具、种子采集工具、样品保存耗材、安全保障物资等（表2）。

表2 中国南方草地牧草资源调查物资表

中国南方草地牧草资源调查项目				
类别		用途	数量	备注
电子设备	笔记本电脑	存储电子资料	1 台/人	
	GPS 仪	采集点定位	2 台/队	7 号电池若干
	数码照相机	图片采集	1 部/队	不低于 1200 万像素、备用电池 1 块、4G 以上存储卡 2 个
	移动硬盘	备份资料	1 个/人	
	天平	称量鲜样	1 台/队	
	对讲机	野外联络	2 台/队	山区接收范围 3～5km
书志	《中国植物志》	分类鉴定	1 套/队	
	地方植物志	分类鉴定	1 套/队	
	《中国高等植物图鉴》	分类鉴定	1 套/队	
	《中国高等植物科属检索表》	分类鉴定	1 套/队	
	基础图件	调查范围、调查路线等参考	1 册/队	
工具	调查记录本	记录采集信息	若干	
	标签	记录采集号	若干	
	标本采集记录签	贴在鉴定后的标本左上角	若干	9.5cm(宽)×10.5cm(高)
	标本鉴定签	记录标本鉴定信息	若干	10cm×5.5cm
	暖风机	烘制腊叶标本	2 台/队	
	塑料自封袋	存放外业采集的标本	若干	30cm×40cm
	标本夹	压制标本	2 个/队	

续表

中国南方草地牧草资源调查项目			
类别		用途	数量	备注

类别		用途	数量	备注
工具	标本布包	收集打包野外烘干的标本	若干	
	吸水纸	压制标本	若干	
	台纸	标本上台所用	若干	42cm×28.5cm
	种子袋	收集种子材料	若干	尼龙网袋
	牛皮纸袋	用于小粒种子采集	若干	
	大整理箱	归类存放物资	1个/队	
	枝剪	采集标本用	2把/队	
	高枝剪	采集标本用	1把/队	
	锄头	采集块茎或者活体资源	1把/队	
	铲子	采集块茎或者活体资源	1把/队	
	镰刀	采集块茎或者活体资源	1把/队	
	野外多用刀	标本采集用	1把/队	
	插座	电子设备充电使用	1个/队	
文具	记号笔	标签记录使用	若干	
	记事本	调查笔录整理	若干	
	铅笔	临时记录信息	若干	
	橡皮	修改临时记录信息	若干	
	宽胶带	样品整理封装使用	若干	
	美工刀	样品整理封装使用	1把/队	
	卷尺	植株个体性状测量所用	1个/队	
	档案袋	调查信息归类整理	若干	
	塑料袋	保存活体样品	若干	
生活用品	手电筒	山区农村停电时应急使用	1个/队	
	常用药	应急使用	落实到每个调查队	
	雨衣	应急使用	1件/人	

（二）组建调查队伍

1. 组建队伍

调查前各课题单位首先组建专业调查队伍，专业调查队伍包括外业调查队及内业整理队，每个队伍必须配备具有植物学、植物分类学、种质资源学专业背景并熟地草地牧草种类的工作人员。

2. 技术培训

调查前应根据项目执行内容集中进行骨干队伍技术培训，培训内容包括野外调查、标本制作、图片采集、资料统计、数据及种质汇交等技术规范。视工作进展情况，各课题单位灵活组织自己团队开展技术培训。

3. 调查试点

邀请国内有经验的专家对中国南方草地牧草资源调查进行试点指导和野外培训，可分项目组试点调查和课题组试点调查。首先由项目组组织试点调查，培训各课题组调查骨干，统一调查内容和标准，之后由各课题组自行开展试点调查。

二、外业调查

（一）调查方法

1. 划定范围

依据课题单位所在区域的草地资源图、行政图等基础资料，形成调查目标区域，结合调查区域的基本概况，制定大概调查路线。其原则是调查路线必须要有一定的代表性和典型性。代表性指一定区域内的草地植被可以代表本区域主要草地类型。典型性指能真实反映该草地植被类型和生态状况的典型地段。综合上述原则重点选择在地带性分布明显的草地生态典型区域布设样点。

2. 样点布设

为重点落实和客观反映本项目基础性资源收集的特性，各课题单位组织团队力量划定所承担调查范围、制定大概调查路线后立即着手研制样点布设，调查样点的布局要尽可能全面，要分布在整个调查地区内的各代表性地段及代表类群，避免在一些地区产生漏空，要注意代表性、随机性、整体性及可行性相结合；同时，也要注意被调查区域不同地段的生境差异，如山脊、沟谷、坡向、海拔等。

3. 样点调查

根据样点布设，各课题单位组织外业工作队按计划完成对样点的走访调查，通过外业调查掌握各类型草地牧草资源的实际情况，包括代表性样点的优势草种、利用现状等信息。

（二）调查内容

中国南方草地牧草资源调查项目是完成中国南方地区不同类型草地牧草资源调查收集，而不是单纯在野外收集资源。调查收集内容如下。

（1）天然草地牧草资源调查及收集：在外业调查中应根据样点实际情况，详细填写草地类型、具体位置、具体草种等内容（表3），并完成资源样本的采集。

（2）栽培草地牧草资源调查及收集：调查栽培牧草品种、栽培面积、利用情况、栽培历史等内容（表3），并完成资源样本的采集。

（三）样本采集

1. 样本编号

采集的同时要完成采集记录，对每份样本进行编号，同一个采集号不得重复使用，同一个样点中针对同一草种的养分分析样品、种子或活体种质样品和图片文件为同一编号。

编号格式：采集日期（8位，YYYYMMDD）＋省级行政区划代码（即居民身份证前两位）＋序号（1～999）。例如，河南省2019年2月1日采集的第1份标本记为20190201411，湖南省2019年2月1日采集的第1份标本记为20190201431，海南省2019年2月1日采集的第1份标本记为20190201461。

表3 中国南方草地牧草资源调查采集记录表

中国南方草地牧草资源调查项目	
采集编号： 采集日期： 采集人：	
中文名： 别名/俗名：	
拉丁名： 品种名：	
属： 科：	
草地类： 草地型：	
资源类型	1. 野生资源（群体）；2. 野生资源（家系）；3. 野生资源（个体）；4. 地方品种；5. 选育品种；6. 品系；7. 遗传材料
采集地点	_____省（自治区、直辖市）_____市（地区）_____县_____乡（镇）
经度： 纬度： 海拔（m）： 降水（mm）：	
采集材料	1. 种子；2. 苗；3. 茎；4. 芽；5. 组织；6. 标本；7. 养分分析样
采（收）集状况	1. 野生；2. 农用地；3. 农民贮藏；4. 单位或研究单位保存；5. 农村市场；6.商业市场
采集地类型	1. 温性草甸草原；2. 温性草原；3. 温性荒漠草原；4. 高寒草甸草原；5. 高寒草原；6. 高寒荒漠草原；7. 温性草原化荒漠；8. 温性荒漠；9. 高寒荒漠；10. 暖性草丛；11. 暖性灌草丛；12. 热性草丛；13. 热性灌草丛；14. 干热稀树灌草丛；15. 低地草甸；16. 山地草甸；17. 高寒草甸；18. 沼泽；19. 人工栽培草地
采集地生境	1. 平地；2. 谷地；3. 山坡；4. 山顶；5. 梯形台地；6. 路边；7. 水边；8. 滩涂地；9. 沙地；10. 其他
物候期	1. 播种期；2. 出苗期；3. 营养生长期；4. 孕蕾期；5. 开花期；6. 结实期；7. 成熟期；8. 初始枯黄期
草地植物经济类型	1. 饲用；2. 食用；3. 纤维；4. 药用；5. 生态；6. 观赏
丰富程度	1. 偶见种；2. 稀有种；3. 伴生种；4. 常见种；5. 优势种；6. 建群种
采集方法	1. 随机取样；2. 群体取样；3. 典型取样
备注	栽培品种信息（栽培面积、利用情况、栽培历史等）

2. 样本采集

本项目外业调查中的样本采集包括用于饲用价值评价的分析测试样品采集，用于基础材料积累的标本采集，用于入库长期保存的种子材料采集或入圃保存的活体种质采集，以及用于草种植物学性状描述的图片信息采集。各类样本的采集规范如下内容。

（1）饲用养分测定样品的采集：参见本书第二章"中国南方草地牧草资源调查项目样品采集及饲用养分测定技术规范"。

（2）图片信息采集：参见本书第四章"中国南方草地牧草资源调查项目图片信息采集技术规范"。

（3）标本采集：参见本书第三章"中国南方草地牧草资源调查项目标本采集及腊叶标本制作技术规范"。

（4）种质采集：参照《牧草种质资源搜集技术规程（试行）》执行。

三、内业整理

内业整理是本项目中十分重要的工作，各课题单位根据工作内容协调落实，其工作重点是规划野外调查计划、制定具体方案、处理采集样品、制作蜡叶标本、汇总数据、维护数据库等。

内业整理工作中，涉及样品处理请参见本书第二章"中国南方草地牧草资源调查项目样品采集及饲用养分测定技术规范"；第三章"中国南方草地牧草资源调查项目标本采集及腊叶标本制作技术规范"；第五章"中国南方草地牧草资源调查项目草种入库保存技术规范"。

四、材料汇交及项目管理

本项目实行课题责任制，课题负责人负责调查的具体实施、管理和总结工作。具体落实工作如下。

各课题承担单位应根据年度工作任务，定期向项目主持单位汇交材料，材料内容包括课题任务指标内的种质、标本、图片、饲用价值评价基础数据及课题年度工作总结报告。总结报告内容，包括年度考察哪些典型草地类型、调查布点情况、外业调查情况、资源收集情况、评价利用情况、任务指标完成情况、下一年度工作重点等综合内容。

种子、标本等材料未送达中国热带牧草种质资源备份库的或送交其他库体保存的不计作本项目任务完成指标。各课题承担单位提交的所有材料均为公益性基础材料，项目主持单位设有独立保存、存放的区域代为管理，待项目验收后定期向社会公开。

各课题任务指标内完成的论文、专著、标准等成果均需以第一项目资助标注项目编号或课题编号，非第一标注不计作任务完成指标。

项目执行期内各课题承担单位应安排专有人员协助项目主持单位维护中国南方草地牧草资源数据库的运行，定期按数据库数据采集要求将年度工作所取得的成果提交数据库。

项目主持单位和课题承担单位应加强对项目运作进行监管，确保项目顺利开展，并定期检查督促各个子专题的工作进展情况，保证各项任务按计划顺利完成。

第二章

中国南方草地牧草资源调查项目样品采集及饲用养分测定技术规范

一、采集原则

采集最具代表性的天然草地牧草及当地人工种植的牧草品种。取样应具有代表性、典型性和适时性。代表性指在能反映植株生长的合适地段所取样，不采集边缘植株。典型性指采集植株能充分反映植株的生长状况，如需要可按不同部位分别采样。适时性指合适的植株生长发育阶段，所取植株样品应该是生育正常且无损伤的健康材料，人为干扰或牛羊采食过不能取样。

二、取样方法

1. 取样时期

根据取样时的牧草生长状况灵活取样，并标记所处营养生长期、开花期、成熟期或枯黄期等信息。

2. 取样工具

网袋、标签、铅笔、记录本、天平、镰刀、枝剪等。

3. 取样部位

牧草不同生育期、不同器官、不同部位的饲用养分含量差异很大。取样时首先选取样株，样株须有充分的代表性，选取长势、生育期基本一致的植株，全株采样。全株取样时植株处于营养生长期的宜采取主茎或主枝顶部新成熟的健壮叶或功能叶，成熟期或初始枯黄期则采取茎秆、籽粒、果实、块茎、块根等样品，现场称重，作为样品鲜重。

4. 采集量

采样时同一样点中采集不少于 3 个位点的植株，鲜样不少于 500g，精确到 0.01g。

5. 取样地点

按省（自治区、直辖市）、市（地区）、县、乡（镇）记录，并用

GPS 定位（表 3）。

6. 生境条件

描述取样地点的生境条件（表 3）。

7. 样品制备与保存

供分析测试的样品需经过清洁处理，否则样品易受泥土、施肥喷药等污染。一般用湿布擦净表面的污物。如需要测定鲜样的则应该取样后立即带回实验室进行测定，或必须放在事先准备好的保湿器皿中，以维持样品与采样时基本一致。

供饲用养分分析的鲜样应在 105℃烘箱杀青 15～30min，然后降至60～70℃烘干 12～24h，除尽水分直至恒重时称重计算干物质含量。

干燥的样品用带刀片的（用于茎叶样品）或带齿的（用于种子样品）磨样机粉碎，并全部过筛。过筛细度通常按圆孔直径为 1mm 的筛过筛。如样品量少可选用 0.1～0.5mm 的筛过筛。样品过筛后需充分混匀，并密封保存在广口瓶中，内外均贴样品签。

三、测定方法

［干物质］：采用《饲料中水分的测定》（GB/T 6435—2014）。

［粗蛋白质］：采用《饲料中粗蛋白的测定》（GB/T 6432—2018）。

［粗脂肪］：采用《饲料中粗脂肪的测定》（GB/T 6433—2006）。

［粗纤维］：采用《饲料中粗纤维的含量测定》（GB/T 6434—2006）。

［粗灰分］：采用《饲料中粗灰分的测定》（GB/T 6438—2007）。

［无氮浸出物］利用干物质、粗蛋白质、粗脂肪、粗纤维、粗灰分的结果，按下列公式计算无氮浸出物。

$$无氮浸出物（\%）=干物质\%-（粗蛋白\%+粗脂肪\%+粗纤维\%+粗灰分\%）。$$

饲用养分测定见表 4。

表4 中国南方草地牧草饲用养分表

中国南方草地牧草资源调查项目							
草种	生育期	干物质含量	占干物质含量（%）				
			粗蛋白	粗脂肪	粗纤维	粗灰分	无氮浸出物

第三章

中国南方草地牧草资源调查项目标本采集及腊叶标本制作技术规范

一、标本采集

1. 采集工具

枝剪、高枝剪、小刀、砍刀、铲子、塑料自封袋（白天集中采集，将采集好的标本暂存于自封袋中不易散失水分，晚上统一整理和压制标本）、采集标签（也称号牌或号签，用于记录采集信息）等。

2. 采集方法

调查中要充分观察草地情况，熟悉生境，了解调查样点的草种优势情况，然后再采集能代表调查样点优势种群特征的草种作为标本。

每个调查样点，每个草种的标本至少采集 2～3 份。同一块草地，不同样点的标本采集不受临近样点相同草种的影响，应根据本调查样点草种优势情况正常采集标本。换言之，同一块草地，不同调查样点的草种优势情况可能基本一致，但也应独立编号并完整采集该调查样点的草种标本，每个种采集 2～3 份。

标本采集后的理想做法是在野外随即进行干燥，或将标本放在吸水纸上。实际上，在野外作业中很少能有充足的时间来这样处理，而是先把标本放在塑料自封袋中保存，如此可以加快采集速度，当天外业结束后统一来压制，但二者之间的间隔要越短越好。不同调查样点的标本应装在不同的塑料自封袋里，并分别记录各自的内容。小而易碎的植物标本要细心处理，先放在小塑料袋内，再将小袋放入大袋中。

3. 注意事项

外业调查中要确定采集植株的哪些部分，以及怎样使整个植株的形态、大小和其他特征在标本内得到最真实的反映，好的标本应包括各种器官和各发育阶段的大量样本。为了保存尽可能多的信息，要对采集材料进行选择，因此在采集标本时应注意以下细节。

（1）标本须具有根、茎、叶、花、果等营养器官和生殖器官，雌雄异株的植物，要分别采取雄花枝和雌花枝。

（2）小型一年生草种或具有走茎、球茎、根茎、鳞茎等多年生草种应连根部或地下部一起采集。大型禾草可分段采集,由花序、完整的茎节、完整的叶片等分段组成,各段统一编相同的号,并备注好每一段的基本信息。

(3)受光叶或庇荫叶、老叶、幼叶、二型叶或萌枝等各种发育阶段形态不同者,均须采集,以供分类诊断佐证所用。

(4)木本或灌木类草种标本采集大小应控制在 35~40cm,要求所采标本应含花序、果实(果荚)及具完整顶端的枝条。

二、标本编号

调查中对每份标本都要进行编号(表 5),同一个采集号不得重复使用。在同一时间、同一地点采集的同一草种的多份标本应编同一号;在同一块草地、不同调查样点间采集的相同草种的标本应编不同号;大型草种若干部分组成的标本编为相同的号。

表5 标本采集签

中国南方草地牧草资源调查项目					
采集号:		采集人:		日期:	
地点:				海拔:	
科名:		中文名:		经纬度:	
拉丁名:				别名:	
采集地类型	□温性草甸草原 □温性草原 □温性荒漠草原 □高寒草甸草原 □高寒草原 □高寒荒漠草原 □温性草原化荒漠 □温性荒漠 □高寒荒漠 □暖性草丛 □暖性灌草丛 □热性草丛 □热性灌草丛 □干热稀树灌草丛 □低地草甸 □山地草甸 □高寒草甸 □沼泽 □人工栽培草地					
分布	□普遍 □少见 □罕见		地形		□平地 □丘陵 □山地	
生活型	□草本 □藤本 □灌木 □乔木					
种质类型	□野生种 □逸生种 □地方品种 □选育品种 □品系 □遗传材料 □其他					
照片号					
附记					
鉴定人					
备注					

标签规格:9.5cm(宽)×10.5cm(高)

编号格式：采集日期（8 位，YYYYMMDD）+ 省级行政区划代码（即居民身份证前两位）+ 序号（1～999）。例如，河南省 2019 年 2 月 1 日采集的第 1 份标本记为 20190201411，湖南省 2019 年 2 月 1 日采集的第 1 份标本记为 20190201431，海南省 2019 年 2 月 1 日采集的第 1 份标本记为 20190201461。标本采集签中的照片号与样本采集号为同一号。

三、腊叶标本制作

1. 所需工具

剪刀或枝剪，用于修剪标本；衬纸，薄而坚固的折叠纸，并保证在整个干燥过程中标本的每个部分都置于其中；标本夹，比衬纸和干燥纸略大的瓦楞板或其他材质的夹板；标本夹绑带，用软纤维麻绳或较大韧性、较小伸缩性的绳索；纸袋或网袋，用于装种子、果实材料；热风机，要求体积小便于携带，用于标本干燥，通常白天采集标本，晚上整理压制标本后利用夜晚时间加热干燥标本；标本布包，用于打包野外已干燥好的标本等。

2. 标本整理

压制之前先将病斑叶、标本的尘土等做清洁处理。

将茎、叶、花、果展平放置。尽可能避免叶片重叠，至少应有一片叶反转过来以便观察叶背面，最好幼叶和老叶各有一片；革质叶的干燥需很长时间，如果叶片重叠在一起，可在中间夹一条干燥纸。花的正、反面都应朝上展示，如果是筒状花应将花冠纵向切开，额外采集的花可散开放在干燥纸中干燥。若有额外的果实，可把一些纵向切开，另一些横向切开；若个体过大，则可切成片后分开干燥。

大型标本可折成"N"形或"V"形，最长段小于 35cm，使其适于台纸长度即可，如果弯折后的茎容易弹出，则可将其夹在开缝纸条里再压好。

若标本叶子太多，可剪除一部分，但应保留叶柄，以示其着生方式；若叶子太大，可对称的剪除一半，但不可将先端剪除；若叶子太长，可将其折曲。

若标本有厚而凹凸不平的地方，可加干燥纸或报纸予以支撑，避免柔嫩的叶、花瓣因受不到挤压而在干燥过程中起皱褶。

3. 标本干燥

将已准备好的标本置于衬纸或报纸内，尽可能认真地整理好。采集号应写在跟着标本的标签上，可以在衬纸上也写上采集号。将放有标本的衬纸夹在足够多的干燥纸中间，然后加一块瓦楞板，如此重复叠好（图1）。若瓦楞板较少或缺乏，则标本夹里不要夹太多的标本。

图1 标本干燥

压制好后，用绑带绑紧标本夹。之后，利用热风机通热风干燥，干燥时调试好风源距离注意用电安全，次日早晨换纸。干燥好的标本应尽快抽出，通常3晚热风处理、3次换纸，标本就可完全干燥。干燥处理好后，按序整理好标本，集中放置于标本布包中运回（图2）。

图 2　标本布包打包干燥标本

4. 标本鉴定

标本鉴定应分为三步。第一步是外业鉴定，应尽量在野外采集的同时进行初步鉴定，因此外业人员中应有熟悉当地植物的植物分类学者。第二步是内业鉴定，在标本装订前，应对已初步鉴定的标本进行确认，并对未鉴定标本进行鉴定。第三步应请植物分类专家对有疑问和未能鉴定的标本进行鉴定。

种子植物首先要鉴定到科，利用《中国高等植物分科检索表》与图谱进行检索分科，查到科别之后，再利用植物志、图鉴等图书进行分属和分种检索，最后确定种名。鉴定标本时要利用放大镜和解剖镜对标本仔细观察，按照检索表的各条款项逐一核对。在鉴定到种以后，填写标本鉴定签，并将其贴在台纸右下方（表 6）。

表6 标本鉴定签

中国南方草地牧草资源调查项目		
采集号:		科名:
拉丁名:		
中文名:		
鉴定人:		鉴定日期: _____年_____月_____日

鉴定签规格:10cm(宽)×5.5cm(高)

四、标本装订

1. 所需材料

装订台纸,规格为 42cm×28.5cm 的白色厚板纸;乳胶,用于固定标本;棉线,用于固定标本和拴号牌;纸袋,用于存放容易掉落或受损害的花或果实;蜡纸,用于覆盖装订好的标本;标签,包括采集签、鉴定签、采集号牌等。

2. 装订方法

标本在台纸上的摆放要最大限度地展示尽可能多的特征,其次考虑艺术性,最重要的是将台纸的左上角和右下角留下空白区便于采集签和鉴定签的贴放。

大标本最好按对角线放置,过长标本可进行折叠。修剪过大标本时,尽量仅剪去茎秆。在不损坏标本的前提下,尽可能将丛生植株分开以完整展示个体植株形态。

展示叶的两面,只有一片叶的标本,切下部分反过来贴在台纸上或放在纸袋中;摘除遮蔽花或果的叶片,摘下的叶片放入纸袋中保存;有足够多完整叶片时可以剪去部分叶片。要充分展示花的两面。

台纸上装订不止一株植物时,全部标本保持向上,大或重的标本放在底部。

　　标本装订采用线捆扎法（纸条或棉线）和乳胶粘贴法结合进行。先将乳胶涂或喷在标本的反面，将标本贴在台纸上，待乳胶干燥后在标本主茎和易脱落的花果等处用棉线缝制打结加以固定。

　　采集签、鉴定签、采集号牌及各种纸袋都应贴在装订好标本的台纸上或挂在标本上，采集签贴在台纸的左上角，鉴定签贴于台纸的右下角，如有纸袋应贴于右边，采集号牌用线拴在标本上（图3）。上台完整的标本在台纸上覆盖一张蜡纸，蜡纸的左边用胶粘贴在台纸的背面。

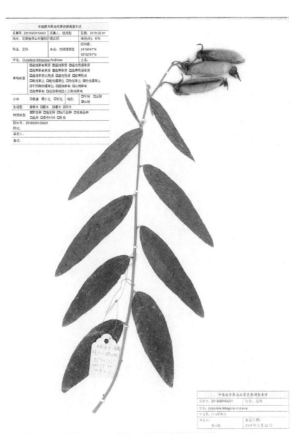

图 3　标本样图(*Crotalaria tetragona*)

3. 标本管理

装订好的标本放置于大号塑料自封袋中保存并将其集中置于超低温冰箱（–40～–30℃）中冷冻消毒 7 天。标本消毒完成后，各课题单位应及时将其送交中国热带农业科学院热带作物品种资源研究所，送达标本将被妥善保存于中国热带农业科学院标本馆。

第四章

中国南方草地牧草资源调查项目图片
信息采集技术规范

一、基本原则

1. 图片清晰

野外拍摄有别于室内拍摄，室内拍摄可以配备三脚架稳定机身、也可以增加灯光条件帮助拍摄，但是野外考察往往条件复杂，也少有背负三脚架支撑拍摄。因此在野外考察中实现拍摄的图片清晰应注意以下几个方面。

（1）不因相机的抖动导致图像模糊，应在安全快门之内完成曝光。

（2）周围环境较暗的区域通过内置曝光补光、提高感光度、增大光圈等手段完成拍摄。

（3）拍摄主体与周围环境不宜同处一个平面，应保持一定的空间差，以此突显主体使其清晰。

（4）拍摄局部特征时往往会受到风的影响导致对焦抖动，画面模糊。针对这一问题，通过内置曝光快速完成抓拍可避免，成片率会明显提升。

2. 背景纯洁

背景纯洁就是使被摄主体不受周围环境影响，尽量保持背景简洁。首先，拍摄时要善于寻找合适的角度，选择纯净的背景以衬托主体，如远端色彩一致的绿叶、林下阴影，甚至光线不太强时的蓝天等。另外，拍摄低矮植物时应去除周围杂物，使画面以拍摄主体为核心，降低杂物入镜率也会明显提升图片背景纯洁度。拍摄植株局部时，可取下所需拍摄的部位，再从周围环境中选择色彩较一致的作为背景，通过点测光、大光圈、长焦端拍摄，以达到小景深虚化背景的作用，使背景纯洁。

二、拍摄要求

（1）图片采集应使用数码单反相机完成拍摄，图片大小应在 2M 以上，提交图片数据格式为.jpg。

（2）拍摄内容要客观反映被摄主体的植物学特征，以多图联用的形式完成对植株分类特性的描述，如居群、植株、花、果实、种子、叶、茎秆、根系等（图 4 和图 5）。

图 4　多图联用示例样图 1

Carex jianfengensis：A. 生境；　B、C. 花序；D. 侧生雌小穗；E. 顶生雄小穗；F. 苞鞘

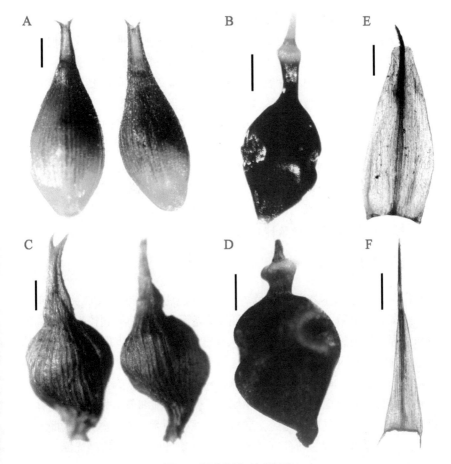

图5　多图联用示例样图2

Carex jianfengensis：A. 囊果，B. 小坚果，E. 雌花鳞片，F. 雄花鳞片；

Carex zunyiensis：C. 囊果，D. 小坚果

（3）熟悉拍摄对象的分类鉴定核心部位，保证分类鉴定关键部位的拍摄描述，如禾本科的叶舌、叶鞘等部位在属间、种间鉴定非常关键，再如，豆科葛属的托叶在种间鉴定十分关键等。

（4）拍摄的物种要有编号，编号应与标本采集号、样品采集号、种子采集号一致。图片以种为单元单独建立文件夹保存，文件夹以"编号+种名"形式完成命名。例如，海南省2019年2月1日采集的第1份"滨

豇豆"记为"20190201461 滨豇豆"

（5）每块被调查草地应有 3 张以上广角照或航拍照；每块被调查草地应有 3 张以上普查队集体工作照；每个编号下的被摄物种应包含体现植株及局部形态特征的照片 5 张以上；珍稀濒危或特有种要尽可能收集细部特征照片，增加微距照片或解剖镜拍摄照片（图 5）。

（6）图片保存以当次调查时间+被调查草地所在的行政区域+草地类型为名称建立一级文件夹，如 2019 年 3 月 1 日至 6 日在云南元江县干热灌丛草地牧草资源调查的一级文件夹记为"20190301-06 云南元江干热灌丛草地"；体现被调查草地样貌的广角照或航拍照和调查队集体工作照一并存于一级文件夹中；被调查草种的照片以"编号+种名"形式建立二级文件夹保存于一级文件夹之下。

三、技术要点

图片采集的最基本要求就是真实、准确地还原拍摄对象原貌。简单来说，就是要让拍摄主体的暗部、中间部及亮部的细节都得到较为充分的保留和还原。正确的曝光可以让画面中的细节得以保留，表现出被摄主体的质感、颜色及画面中光线的软硬程度等诸多细节。曝光过度就会对画面中的色彩产生影响，使色彩不够艳丽，缺少亮部的层次细节，画面整体发白。曝光不足也会对画面中的色彩产生影响，使得暗部细节损失，画面整体质感非常粗糙，发暗红色。因此，掌握图片采集技术，必须熟练运用曝光，简而言之就是要掌握如何控制"光"，影响曝光的三大要素是光圈、快门和感光度，熟练运用这三大要素是提高拍摄技术水平核心要点。

1. 曝光与光圈

光圈值用 F（f/ ）来表示，光圈值 F（f/ ）后面的数字越小，代表此时光圈的开口孔径越大，则相机获得的进光量越多；光圈值 F（f/ ）后面的数字越大，代表此时光圈的开口孔径越小，则相机获得的进光量越少。由此可以推断：光圈越大，单位时间内的进光量越多，图像也就越亮；光圈越小，单位时间内的进光量越少，图像也就越暗。同时光圈越大，画面景深越浅；光圈越小，画面景深越深。此外，需要注意的是相邻两挡光圈之间的进光量相差一倍，如在其他条件不变的情况下，光圈从 f/4 到 f/2.8，就增加了一挡（一倍）曝光，而从 f/8 到 f/5.6 则减少了一挡（一倍）曝光。

2. 曝光与快门速度（S）

快门是数码单反相机镜头前阻挡光线的机械开合装置，它的作用是控制光线投射到感光元件的时间的长短。换个角度理解就是等量进光条件下，快门速度调慢，进光时间就长，进光量就大，图片就亮；快门速度调快，进光时间就短，进光量就少，图片就暗。同光圈一样，它也是控制曝光的重要因素之一。通常，使用快门速度来描述快门。数码单反相机有如下的快门速度设置：B 门、30s、15s、1s、1/2s、1/4s、1/8s、1/15s、1/30s 等。

3. 曝光与感光度

感光度（ISO）是指相机中感光元件感应光线的能力，即感光材料产生光化作用的能力。同光圈和快门一样，感光度也是决定曝光的重要因素。日常拍摄时，若将光圈开到最大、快门速度设置到手持安全快门速度的极限，在这种情况下仍不能满足清晰记录拍摄场景时，可以用提高感光度的方法进行拍摄。感光度越高，感光元件的感光能力越强，感光速度也就越快。感光度越低，感光元件的感光能力越弱，感光速度也就越慢。数码单反相机常见的感光度有 ISO100、ISO200、ISO400、ISO800、ISO3200 等。ISO 的数值相差一倍就表示其感光速度相差一倍，即 ISO200 的感光速度是 ISO100 感光速度的两倍。也就是说，在光圈和快门不变的情况下，ISO200 所得到的曝光量是 ISO100 的两倍。

熟练运用光圈、快门和感光度就可以拍摄出所要表达的图片信息，三者可以共同作用，也可以单独发挥作用，视拍摄环境灵活运用。

四、拍摄方法

1. 生境拍摄

生境是体现被拍摄草种在草地中的生长环境，是解读草种分布特性的重要信息。生境的拍摄总体上使用大景深拍摄法，使整体环境清晰覆盖整张图片（图 6）。大景深拍摄时测光模式宜使用矩阵测光，对焦点选在画面中部的景物上，使用较小的光圈获得较大的场景，如有条件使用广角镜头最佳。光圈优先模式（A）、快门优先模式（S）或手动模式（M）都可以达到良好的拍摄效果，无论使用哪种曝光模式都要熟悉光圈、快门、感光度的调节达到正确曝光。例如，阴暗环境中使用快门优先模式时，可通过加快安全快门速度、调高感光度的方式完成手持拍摄；而使用手动模式时，可通过加快安全快门速度、适当增大光圈完成手持拍摄，如果直方图显示图像还偏暗时可调高感光度达到准确曝光。

图 6　草地生境大景深示例

2. 细节拍摄

野外完成矮小植株或植株局部特征的拍摄时多采用背景虚化法，这个拍摄法最大的优点是突出主体特征，使画面简洁，是自然科学拍摄中最常用的方法。背景虚化有两种拍摄方法，一种是写意虚化法，另外一种是闪光压暗法。

　　写意虚化法是指合适的利用拍摄主体周围的自然色彩，通过点测光、强化小景深的拍摄方法，使画面中主体清晰、周围虚化并形成各色光斑的拍摄方法，这个拍摄法是增强图片色彩度及丰富视觉性的重要方法（图7）。具体方法有以下3种。

图 7　写意虚化法示例

Erythrina cristagalli，晴天，下午，无直射强光：手动模式+点测光+ISO125+快门 1/100+
光圈 f/4.5+焦距 200mm

　　（1）大光圈拍摄。在同等拍摄条件下，镜头光圈越大，背景虚化效果也就越明显。对于大光圈定焦镜头来说，一般选择在最大光圈基础上缩小一挡拍摄，可在虚化背景的基础上兼顾照片品质。

　　（2）长焦镜头拍摄。在同等拍摄距离、相同光圈值的前提下，长焦镜头相比普通镜头虚化背景能力更强。

　　（3）拉近拍摄距离。焦距范围内越靠近拍摄主体，背景虚化越强。

　　光圈优先模式、快门优先模式或手动模式都可以达到写意虚化效果，要根据拍摄时的实际环境条件灵活运用光圈、快门及感光度调节光量达到正常曝光。

　　闪光压暗法是指在野外拍摄中，利用内置闪光灯补光压暗背景、强化主体的拍摄方法。利用该方法依然使用点测光，并在拍摄对象周围寻找林间阴影等偏黑色彩的作为拍摄背景，通过合适的光圈和快门调节（所谓"合适"就是不要过曝也不要欠曝，通过直方图确定，而最简单的方法就是多拍几张找到最佳效果的组合），加内置闪光快速完成曝光，形成背景纯黑的图片效果，是科普拍摄中十分常用的拍摄方法（图8）。

图 8　闪光压暗法示例

Stahlianthus involucratus，内置闪光+手动模式+点测光+ISO200+快门 1/160+
光圈 22+焦距 70mm

　　另外，在细节部位拍摄时经常会遇到如何将植株局部的绒毛、硬毛、腺体等特征拍清晰的问题。拍摄这些特征也可以使用闪光压暗法拍摄（图9 和图 10），也可以使用逆光拍摄法，但使用逆光拍摄法时不可在强逆光下拍摄，宜寻找合适的机位取光强较弱的侧逆光拍摄（图 11）。通常傍

图 9　闪光压暗法拍摄绒毛示例

Stylosanthes pilosa，内置闪光+光圈优先模式+快门 1/250+f/7.1+焦距 60mm

图 10　闪光压暗法拍摄绒毛示例

Stylosanthes macrocephala，内置闪光+光圈优先模式+快门 1/125+f/10+焦距 60mm

图 11　侧逆光拍摄法示例
Stylosanthes hispida，光圈优先模式+快门 1/640+光圈 16+焦距 70mm

晚落日时段最适合拍摄逆光效果，在野外调查中也可以寻找穿透林间投射下来的光源作逆光拍摄。逆光拍摄法除拍摄局部绒毛、腺体等特征之外，也常用于局部轮廓的拍摄，该方法常起到增强主体轮廓的效果（图 12）。

图 12　逆光拍摄法增强主体花朵轮廓示例

Arundina graminifolia，落日时段：手动模式+点测光+ISO200+快门 1/640+光圈 2.8+焦距 70mm

五、照片管理

　　每次考察应设立以"地点+时间"的文件夹，保存好本次考察采集的所有图片。考察中要当日完成照片的整理工作，并按物种设立二级文件夹，二级文件夹要以"编号+种名"的形式命名保存。考察完后及时备份图片。

　　另外，为顺利推进本项目任务指标的完成，各课题单位协调成立志书编撰组，定期归纳整理照片，按各课题编写名录的指标任务提早将图片以科的形式归类，如豆科为一级文件夹，豆科下属的种按撰写顺序设立二级文件夹并按序号排列好。

第五章

中国南方草地牧草资源调查项目
草种入库保存技术规范

为加强本项目所调查收集的草种保存管理工作，提高入库种质材料质量，防止种质材料发霉、生虫、活力降低等情况发生，入库种质的管理请参照本技术规范执行。

一、种质库保存对象

入库的种质材料，包括人工草地栽培草种和天然草地野生牧草的种子。

二、种质材料入库保存流程

1. 种质材料获得

通过本项目各课题单位执行草地牧草资源调查而采集获得。

2. 接纳登记

各课题送交种质后，管理人员初步检查种子的质量和数量，根据种质材料的基本信息资料及种子袋上的编号对种质信息进行核对，并按照入库的数量和质量标准，登记种质的基本信息资料并填写入库登记表（表7）。

表7　中国南方草地牧草资源调查项目入库种子信息登记表

序号	送种单位	收种时间	种子情况					备注
			数量（份）	包装（是否符合上交要求）	纯净度（是否含有杂质及多少）	健康状况（种子有无病虫感染）	种质材料清单（有无电子版和纸质材料）	
1								
2								
3								
4								
5								
6								
7								
8								
9								
10								
合计								

3. 查重、去重

查重、去重的目的是检查新获得种质材料与已保存种质材料之间是否有重复。一是对新入库种质材料检查是否已在资源库保存,二是对每批将要进行处理的种子进行自身查重。已保存的种质材料,不再重复入库。

4. 清选

种质材料应为当年收获种子,入库前先去除砂土、石块、颖壳、果荚和芒等杂质。再剔除破碎、瘪粒、无胚粒、虫蚀粒、感病及杂粒种子,要求种子未受损伤、未拌用药物、无包衣处理,净度应大于98%。净度检验按《草种子检验规程》(GB/T 2930.1—2017)的规定执行。

5. 熏蒸

入库保存种子应无病虫害,送交种子前发现害虫需进行药物熏蒸处理,并注明害虫种类及处理方法。健康检验按《草种子检验规程健康测定》(GB/T 2930.6—2017)的规定执行。

6. 初始生活力检测

要对做生活力检测的草种按照科属种进行归类,发芽率检验方法按《草种子检验规程》(GB/T 2930.1—2017)及《国际种子检验规程》、《农作物种子检验规程》(GB/T 3543.1—1995)的规定执行。如果以上各规程中没有该草种的发芽方法,则按照该属的发芽方法进行检验。如果没有该属的发芽方法,则参照相关文献或研究方法。对入库贮存种子的初始生活力有最低标准的要求详见表8。

7. 保存种子数量要求

保存种子数量与草种类型有关,长期库保存种子数量要求详见表9、中期库保存种子数量要求详见表10。

表8 中国南方草地牧草资源调查项目入库种子发芽率最低标准

拉丁名	牧草名称	发芽率（%）				备注
		栽培种	野生种	特殊遗传材料	稀有	
Agrostis	翦股颖属	90				匍匐翦股颖（*Agrostis stolonifera*）、小糠草（*Agrostis gigantea*）
Alysicarpus	链荚豆属		50～70			
Amaranthus	苋属	85	60			
Astragalus	黄芪属	85	50～60	30		紫云英（*Astragalus sinicus*）90%
Avena sativa	燕麦	95	40～50	30～40		莜麦（*Avena nuda*）
Crotalaria	猪屎豆属		60～80			
Cajanus	木豆属	80	60～80			
Brachiaria	臂形草属		30～50			
Bromus	雀麦属	90	50			扁穗雀麦（*Bromus catharticus*）、无芒雀麦（*Bromus inermis*）
Buckloe dactvloides	野牛草	90				
Calopogonium	毛蔓豆属		70～85			
Atylosia	虫豆属		60～70			
Centrosema	距瓣豆属	85				
Chenopodium	藜属	80	50			
Chloris	虎尾草属	80				无芒虎尾草（*Chloris gayana*）、虎尾草（*Chloris virgata*）
Coronilla	小冠花属	60				多变小冠花（*Coronilla varia*）
Cynodon	狗牙根属	90				
Dactylis glomerata	鸭茅	85				
Echinochloa crusgalli	稗	85				
Elymus	披碱草属	90	60	50		披碱草（*Elymus dahuricus*）、老芒麦（*Elymus sibiricus*）
Elytrigia	偃麦草属	80	50	30～40		长穗偃麦草（*Elytrigia elongata*）
Eragrostis	画眉草属	90				弯叶画眉草（*Eragrostis curvula*）
Eremochloa	蜈蚣草属	90				

续表

拉丁名	牧草名称	发芽率(%)				备注
		栽培种	野生种	特殊遗传材料	稀有	
Festuca	羊茅属	95	50	30~40		苇状羊茅(*Festuca arundinacea*)、羊茅(*Festuca ovina*)、牛尾草(*Festuca elatior*)、紫羊茅(*Festuca rubra*)
Flemingia	千斤拔属		45~60			
Galactia	乳豆属		50~70			
Lathyrus	山黧豆属	95	60			
Lespedeza	胡枝子属	70	40~50	20		胡枝子(*Lespedeza bicolor*)85%
Leucaena	银合欢属	80				
Macroptilium	大翼豆属	85				
Medicago	苜蓿属	90	60~70			
Melilotus	草木樨属	85	50~60			
Panicum maximum	大黍	95				
Paspalum	雀稗属	60	30~40			巴哈雀稗(*Paspalum notatum*)90%,毛花雀稗(*Paspalum dilatatum*)75%,小花毛花雀稗(*Paspalum urville*)90%,宽叶雀稗(*Paspalum wettsteinii*)90%,粽籽雀稗(*Paspalum plicatulum*)50%~60%,黑籽雀稗(*Paspalum atratum*)40%~50%
Pennisetum	御谷(珍珠粟)	90				
Panicum	坚尼草属	30~40				热研8号坚尼草(*Panicum maximum* Jacq. cv. Reyan No. 8)、热研9号坚尼草(*Panicum maximum* Jacq. cv. Reyan No. 9)
Phleum	猫尾草属	90				猫尾草(*Phleum pratense*)
Plantago	车前属	70	50			
Polygonum	蓼属	80	50			
Psophocarpus	四棱豆属	70				

续表

拉丁名	牧草名称	发芽率（%）				备注
		栽培种	野生种	特殊遗传材料	稀有	
Sorghum	高粱属	95				杂交苏丹草（*Sorghum vulgare ×ç Sorghum sudanense*）、苏丹草（*Sorghum sudanense*）
Stylosanthes	柱花草属	40～80				卡西柱花草（*Stylosanthes scabra*）、有钩柱花草（*Stylosanthes hamata*）、圭亚那柱花草（*Stylosanthes guianensis*）
Zoysia	结缕草属	85				结缕草（*Zoysia japonica*）
Leguminosae	豆科食用豆类	85	60			绿豆（*Phaseolus radatus*）、四棱豆（*Psophocarpus tetragonolobus*）、木豆（*Cajanus cajan*）、赤小豆（*Phaseolus calcaratus*）、豌豆（*Pisum sativum*）、菜豆（*Phaseolus vulgaris*）、大豆（*Glycine max*）
Cyperaceae	莎草科	65	50			
Gramineae	禾本科其他牧草	60～70	40～50			
	其他牧草	60～70	50	10		

注：备注栏中列举了相关的栽培种；对硬实种子进行处理，把发芽计入发芽率中

表9　长期库种子保存数量最低要求

种子大小分级	千粒重（g）	示例	重量（g）	粒数
极小粒	<1	白三叶、早熟禾属、猫尾草、碱茅、画眉草等	10	10 000
较小粒	1～5	苜蓿属、冰草属、草木樨属、山蚂蝗属、柱花草属等	10～50	10 000
小粒	6～20	红豆草属、野豌豆属、苏丹草属、田菁属等	60～200	10 000
中粒	21～100	山黎豆属、豇豆属、千斤拔属等	100～500	5 000
大粒	101～1000	玉米、豌豆、银合欢等	200～500	3 000
特大粒	>1000	蚕豆、刀豆等	500	2 000

表 10　中期库种子保存数量最低要求

种子大小分级	千粒重（g）	示例	重量（g）	粒数
极小粒	<1	白三叶、早熟禾属、猫尾草、碱茅、画眉草等	20	20 000
较小粒	1～5	苜蓿属、冰草属、草木樨属、山蚂蝗属、柱花草属等	20～100	20 000
小粒	6～20	红豆草属、野豌豆属、苏丹草属、田菁属等	90～120	15 000
中粒	21～100	山黧豆属、豇豆属、千斤拔属等	210～1 000	10 000
大粒	101～1000	玉米、豌豆、银合欢等	250～500	5 000
特大粒	>1000	蚕豆、刀豆等	500	3 000

8. 干燥

符合入库条件的种子应及时干燥。干燥时间的长短依草种的大小、数量、最初含水量和干燥条件而定。种子含水量可以通过科学技术的实验手段准确地测定，也可以通过已有资料来预估。在很多情况下，为避免种质资源浪费，进行估计就足够了，只有在必要的情况下才进行测定。种子干燥到预定贮藏含水量时，每批或每类抽测 1～2 份种子含水量。小粒种子水分测定用种量为 3g，其他种子用种量按《草种子检验规程水分测定》（GB/T 2930.8—2017）的规定执行，否则继续干燥。若干燥的种子份数少，将种子装入网纱袋，种子与硅胶的重量比为 1：1，在干燥器中室温下脱水干燥。若干燥的种子份数多，在温度为 10～25℃、相对湿度为10%～15%的干燥箱中进行。

9. 包装

经干燥处理的种子应及时密封包装，目的是为防止干燥后的种子从空气中吸收水分，并使每个种质材料分开以防止病虫害对种子的侵害。包装种子最好是在测定含水量后并判断是在安全贮存的要求内立即进行。包装材料包括带衬垫的螺纹铝盒、玻璃罐、塑料瓶或铝箔袋。

10. 入库定位

按照长期、中期种质库制定的编号原则和方法，根据种质材料种类和特点，对符合入库条件的种子按照预先确定的分类编号方法编库编号和库位号，每份材料给一个固定的库位号，将包装好的种子编码后入库定位保存。每份种质材料编一个库位号，便于查找和管理。

11. 入库结果处理和反馈

种子接纳登记到入库定位贮存后，则种子入库处理过程全部结束。但种质库管理人员须对每批入库种子做一次入库结果处理，包括种子入库信息登记、入库种子结果反馈、库存材料数据整理和输入数据库等。入库保存种子信息按表 11 处理，入库种子结果反馈按表 12 处理。种质库收到的草种材料，要求在 60 天内完成检测并入库，对不合格的材料，于 10 天内退回原送种单位，重新扩繁上交入库。退回的不合格材料，不计入上交入库数量。

表 11　中国南方草地牧草资源调查项目入库保存种子信息

全国统一编号		种质库编号	
采集单位		采集编号	
科中文名		科拉丁名	
属中文名		属拉丁名	
种中文名		种拉丁名	
来源地		采种时间	
经度		纬度	
气候带	热带、亚热带、暖温带、寒温带、高寒区域	生境	田边、路旁、阴坡、阳坡、沟谷、湖边、溪边等
海拔（m）		千粒重（g）	
土壤类型	1. 棕色针叶林土；2. 漂灰土；3. 黄棕壤；4. 黄褐土；5. 棕壤；6. 暗棕壤；7. 白浆土；8. 燥红土（壤）；9. 褐土；10. 灰褐土；11. 黑土；12. 灰色森林土；13. 黑钙土；14. 栗钙土；15. 栗褐土；16. 黑垆土；17. 棕钙土；18. 灰钙土；19. 灰漠土；20. 灰棕漠土；21. 棕漠土；22. 风沙土；23. 草甸土；24. 砂姜黑土；25. 山地草甸土；26. 林灌草甸土；27. 潮土；28. 沼泽土；29. 泥炭土；30. 盐土；31. 碱土；32. 草毡土；33. 黑毡土；34. 寒钙土；35. 冷钙土；36. 棕冷钙土；37. 寒漠土；38. 冷漠土；39. 寒冻土；40. 砖红壤；41. 赤红壤；42. 红壤；43. 黄壤		

续表

草地类型	1. 温性草甸草原；2. 温性草原；3. 温性荒漠草原；4. 高寒草甸草原；5. 高寒草原；6. 高寒荒漠草原；7. 温性草原化荒漠；8. 温性荒漠；9. 高寒荒漠；10. 暖性草丛；11. 暖性灌草丛；12. 热性草丛；13. 热性灌草丛；14. 干热稀树灌草丛；15. 低地草甸；16. 山地草甸；17. 高寒草甸；18. 沼泽；19. 人工栽培草地		
种质类型	野生种、逸生种、地方品种、选育品种、品系、遗传材料、其他		
生活型	1. 乔木；2. 小乔木；3. 木质藤本；4. 灌木；5. 小灌木；6. 半灌木；7. 亚灌木；8. 多年生草本；9. 多年生草质藤本；10. 越年生草本；11. 一年生草本；12. 一年生草质藤本；13. 短命、类短命草本		
根系类型	1. 轴根型；2. 密丛型；3. 疏丛型；4. 根茎型；5. 根蘖型；6. 粗壮须根型；7. 须根型；8. 块根		
茎类型	1. 直立茎；2. 斜生茎；3. 斜倚茎；4. 平卧茎；5. 匍匐茎；6. 攀援茎；7. 缠绕茎；8. 莲座状		
叶类型	1. 单叶；2. 奇数羽状复叶；3. 偶数羽状复叶；4. 掌状复叶；5. 三出复叶	叶质	1. 草质；2. 肉质；3. 纸质；4. 革质；5. 膜质
叶形状	1. 针形；2. 条形；3. 剑形；4. 钻形；5. 鳞形；6. 披针形；7. 矩圆形；8. 椭圆形；9. 卵形；10. 圆形；11. 心形；12. 菱形；13. 匙形；14. 扇形；15. 肾形；16. 镰形；17. 三角形；18. 圆柱形		
花序类型	1. 总状花序；2. 穗状花序；3. 柔荑花序；4. 肉穗花序；5. 圆锥花序；6. 伞房花序；7. 伞形花序；8. 头状花序；9. 单歧聚伞花序；10. 二歧聚伞花序；11. 多歧聚伞花序；12. 轮伞花序；13. 隐头花序；14. 指状复总状花序		
花型	1. 辐状；2. 坛状；3. 漏斗状；4. 钟状；5. 筒状；6. 蝶形；7. 唇形；8. 高脚碟状；9. 舌状		
果实类型	1. 聚合果；2. 聚花果；3. 蓇葖果；4. 荚果；5. 长角果；6. 短角果；7. 蒴果；8. 瘦果；9. 颖果；10. 翅果；11. 浆果；12. 双悬果；13. 小坚果；14. 胞果；15. 囊果		
落粒性	1. 不落粒；2. 较易落粒；3. 落粒；4. 极易落粒	越冬性	1. 强；2. 中；3. 弱；4. 不能越冬
发芽率（%）		上交重量（g）	

表 12　中国南方草地牧草资源调查项目入库种子结果反馈

序号	种质编号	包装(是否符合要求)	净度(杂质)	健康情况(霉变、病虫、空瘪)	清单(有无电子、纸质)	重量(是否达到入库限定)	表格内容						库检		达到入库要求(是/否)
							编号(是否按照要求)	采集地点(是否完整)	经纬度(是否吻合)	数量(是否清单一致)	千粒重(是否准确)	其他内容(是否达标)	发芽率	发芽方法	
1															
2															
3															
4															
5															
6															
7															
8															
9															
10															

三、库存种子生活力监测

种子生活力监测是在种质贮存过程中，定期取出少量种子进行发芽率测定，检验种子生活力丧失程度，同时对贮存种子数量进行检查，确定是否需要进行繁殖更新。一般来说，长期库监测间期为 10 年，中期库为 5 年。

1. 长期库保存

首次生活力监测间期：禾本科及大粒豆科种子为 10 年，小粒豆科种子为 15 年，其他科种子为 10 年。在发芽率为 85% 及以上时，生活力监测间期禾本科及大粒豆科种子为 10 年，小粒豆科种子为 15 年，其他科种子为 10 年。当发芽率低于 85% 时，生活力监测间期依种类不同而缩短。

2. 中期库保存

生活力监测间期为 5 年。短寿命种子应缩短监测间期。

四、繁殖更新

繁殖更新就是随机从库存种子中取出样品，在一定条件下播种，使它发育成成熟的植株,这样收获的种子将具有与原种群相同的遗传特征。当种质库保存种质材料出现下列情况之一时，则应繁殖更新。

草种子发芽率降至 60% 以下。活种子数量不足 4 次繁殖所需种子量时，即自花授粉草种和自交系的每份活种子数量低于 600 粒；异花授粉草种和地方品种每份活种子数量低于 800 粒。当种子在中期库绝种时，长期库应繁殖更新。此外，因贮存过程中的种子生活力监测和向使用者分发种子时，使得库存种子数量减少到更新临界值以下，也需要繁殖更新。

规范性引用文件

《牧草种质资源搜集技术规程（试行）》，全国畜牧兽医总站（2001）163 号文件。

《全国植物物种资源调查技术规定（试行）》，环境保护部（2010）27 号文件。

《全国中药资源普查技术规范》，上海科学技术出版社，2015。

《草种质保存材料入库规范（试行）》，全国畜牧兽医总站（2004）20 号文件。

《草种入库发芽率标准（试行）》，全国畜牧兽医总站（2004）20 号文件。

《草种预前处理及发芽方法（试行）》，全国畜牧兽医总站（2004）20 号文件。

NY/T 2126—2012，《草种资源保存技术规程》，中华人民共和国农业部公告 第 1723 号。

GB/T 2930.1—2017，《草种子检验规程》，中华人民共和国国家标准批准发布公告 2017 年第 29 号。

GB/T 6435—2014，《饲料中水分的测定》，中华人民共和国国家标准批准发布公告 2014 年第 18 号。

GB/T 6432—2018，《饲料中粗蛋白的测定》，中华人民共和国国家标准批准发布公告 2018 年第 11 号。

GB/T 6433—2006，《饲料中粗脂肪的测定》，中华人民共和国国家标准批准发布公告 2006 年第 8 号。

GB/T 6434—2006，《饲料中粗纤维的含量测定》，中华人民共和国国家标准批准发布公告 2006 年第 9 号。

GB/T 6438—2007，《饲料中粗灰分的测定》，中华人民共和国国家标准批准发布公告 2007 年第 7 号。